GATOS

GATOS

Tom Howard

susaeta
ediciones sa

First published in Great Britain in 1991
by Octopus International part of
Reed International Books Limited,
Michelin House, 81 Fulham Road, London SW3 6RB

Produced by Mandarin Offset
Printed and bound in China

CONTENIDO

INTRODUCCIÓN

No sabemos a ciencia cierta qué es lo que hace tan deliciosa la presencia de un gato a nuestro alrededor. Según algunos se debe al encanto y la belleza de este animal, o a su evidente inteligencia; para otros, a su agradable y tranquilizadora compañía. Los sicólogos creen que el mero hecho de acariciar a un gato nos proporciona una agradable sensación de tranquilidad y relajación. Estos animales poseen una gran personalidad y mantienen su independencia a toda costa. A pesar de que en ocasiones manifiestan un fuerte deseo de estar entre las personas y prodigan sus demostraciones de afecto, pueden desaparecer de repente para vivir su vida totalmente independientes de cualquier condicionamiento doméstico.

Todas estas características realzan su atractivo y hacen de él uno de los compañeros más apreciados. Sin embargo, de todos los animales que el hombre ha domesticado, es probablemente el que menos cambios ha sufrido en relación con su estado natural. Sólo en época relativamente reciente los criadores han intervenido para conseguir nuevas razas y tipos; proceso que se viene practicando desde hace miles de años con los perros, los caballos y otros animales domésticos. No en vano se le sigue denominando «felino».

Resulta difícil observar la vida de la mayoría de los mamíferos, y en especial de los cazadores nocturnos, pero el gato nos da la oportunidad de estudiar de cerca su ciclo vital, su conducta, en nuestra propia casa o a escasos metros de ella, en patios y callejones. Este libro muestra multitud de aspectos de la vida de los gatos y explica muchas de las actitudes que podemos observar si nos tomamos el tiempo de observar a los que viven a nuestro alrededor.

LAS SIETE VIDAS DE UN GATO

Cuando observamos a un gato que está tranquilamente tumbado al sol, o lamiéndose con cuidado y detención la patita, no podríamos imaginarnos que es capaz de llevar una vida azarosa y de peligro. Y sin embargo estos animales tienen bien ganadas sus proverbiales siete vidas gracias a su habilidad para sobrevivir. Esta destreza no está justificada por ninguna invulnerabilidad sobrenatural, sino que se debe a un físico adecuado y a unos sentidos muy bien desarrollados; aunque desafortunadamente también pueden cometer errores y sufrir accidentes. Hasta cierto punto su pericia supera a la de sus propietarios, pero no son igualmente habilidosos en todo.

Los gatos poseen un esqueleto muy flexible y una buena musculatura. Pueden, por ejemplo, girar la cabeza casi 180 grados en ambos sentidos; mucho más que los seres humanos. Son capaces de realizar enormes esfuerzos esporádicos, pero debido a que su corazón y pulmones son comparativamente pequeños —su sistema digestivo ocupa la mayor parte del cuerpo—, no pueden prolongar esta actividad durante mucho tiempo.

Saltar por encima de una pared que tenga cinco veces su altura o cruzar de un salto un arroyo no representa un gran esfuerzo para la gran mayoría de los pequeños felinos: sus fuertes patas traseras les proporcionan un tremendo empuje. Cuando salta hacia abajo, reduce la altura en primer lugar estirándose y a continuación tratando de empujar hacia fuera. Esto le da la posibilidad de bajar las patas traseras durante la caída con el fin de aterrizar sobre cuatro puntos, lo que disminuye el impacto que debe absorber cada pata.

Si se caen desde una altura considerable, los gatos son capaces de darse la vuelta en el aire y ponerse en la posición adecuada para posarse. Un impacto demasiado violento puede, sin embargo, producirles una fractura de paladar. Cuando caen desde una altura que les permita alcanzar la velocidad máxima antes de aterrizar, existen menos posibilidades de que se lesionen, ya que, una vez estabilizada la velocidad de la caída, los gatos relajan los músculos, lo que contribuye a un aterrizaje más suave.

Las uñas de un gato pueden ser unas armas temibles, pero cuando están retraídas, las patas tienen un tacto aterciopelado y una pisada acolchada. Las afiladas y curvas uñas le son de gran ayuda, incluso en superficies aparentemente lisas, y son ideales para trepar a los árboles. A los gatos les encanta escalar, sin contar con el placer añadido de mirar las cosas desde arriba.

Volver a bajar no es tarea fácil. Cuando trepa, estira una pata, clava las uñas y se impulsa hacia arriba, apoyando todo el peso en las garras. Sin embargo, éstas se curvan en sentido contrario al que necesitan para sostenerse cabeza abajo. Bajar caminando por una pendiente no constituye un problema, pero el tronco vertical de un árbol exige un empuje hacia atrás gracias al cual desciende poco a poco hasta que está lo suficientemente cerca del suelo como para darse la vuelta y saltar sin peligro.

El aparato vestibular, situado en el oído interno, les proporciona un excelente sentido del equilibrio. Se creía que era muy diferente del nuestro, pero se ha comprobado que los equilibristas son capaces de desarrollar habilidades similares. La cola es también otro elemento que contribuye al equilibrio, aunque no se ha encontrado en los gatos sin cola, como el de la Isla de Man, ninguna pérdida de equilibrio.

Están dotados asimismo de un buen sentido espacial, ya que se encogen para pasar por agujeros pequeños y rara vez tropiezan con los objetos. Se piensa que los bigotes crecen hasta tener la anchura del cuerpo y actúan como una medida que les indica si pueden pasar por determinados espacios.

Sin duda, los bigotes desempeñan una función, junto con los pelos de atrás de las patas delanteras. Son sensibles a la presión del aire, que varía sutilmente de acuerdo con la posición de los objetos que les rodean.

Observe cómo se enderezan las orejas de un gato cuando oye algo que le interesa. Son sumamente flexibles y pueden dar un giro de 180 grados en dirección al sonido. Su agudo sentido auditivo no es tan eficaz como el nuestro en los tonos bajos, pero es mucho más amplio en los agudos, alcanzando a percibir los agudos sonidos ultrasónicos de los murciélagos. Los gatos aprenden a no reparar en los sonidos cotidianos, pero reaccionan al instante ante cualquier ruido que pueda ser relevante. Entre el zumbido del tráfico reconocen el ruido del motor del coche de su familia o identifican las pisadas de un amigo mucho antes de que llegue a casa. Como es capaz de oír y localizar el más leve crujido en la maleza o entre la paja de la granja, es de gran ayuda para el cazador.

El olfato tiene una importancia primordial para el gato. Le proporciona información vital sobre la comida, el peligro, el sexo y el territorio. Este gato canela y blanco que está olisqueando una ramita, percibe que ha sido marcada por la orina de un perro y eriza ligeramente el rabo, reaccionando ante una posible amenaza.

La membrana sensitiva del olfato de los gatos ocupa el doble de espacio que la de los humanos, además de poseer un órgano olfativo adicional entre la nariz y el paladar, conocido como órgano de Jacobson. Cuando observamos a un gato sentado con la boca entreabierta en actitud de aparente desgana —actitud conocida por los científicos como reacción «flehmen»—, en realidad está aspirando partículas olfativas y transfiriéndolas desde la lengua a unos canales situados detrás de la parte superior de los dientes que conectan con el olfato.

19

A decir verdad, los gatos no pueden ver en la oscuridad, sino que hacen buen uso del resto de los sentidos. Sin embargo, es cierto que sus ojos están adaptados para aprovechar la más mínima luminosidad. A plena luz, sus pupilas se estrechan hasta convertirse en una delgada línea vertical. Según disminuye la cantidad de luz, las pupilas se agrandan para absorber la mayor claridad posible. Una superficie situada en la parte posterior del ojo refleja la luz hacia adelante, pudiendo por tanto utilizar la misma luz dos veces. Por este motivo, los ojos de los gatos parecen brillar en la oscuridad.

Los humanos tienen un enfoque más agudo y una mejor percepción de los colores, aunque cuando hay poca luz, el hombre está en desventaja, ya que el gato está perfectamente adaptado a su condición de cazador nocturno.

Como el resto de los mamíferos, el gato es un animal de sangre caliente. Excepto cuando son muy cachorros o en condiciones muy extremas, son capaces de mantener la temperatura corporal y permanecer activos en cualquier estación; al contrario que los reptiles, que tienen que esperar a que el sol les caliente para poder desarrollar cualquier actividad. Su espeso manto les protege de la pérdida de calor.

Los primeros gatos domesticados eran de pelo corto. Los de pelo largo, especialmente aquéllos que son el producto de una minuciosa cría selectiva hasta conseguir un espléndido manto, no siempre son capaces de vivir por sí solos. Los criados para concursos deben ser cepillados y aseados cuidadosamente, actividad que también conviene realizar con cualquier gato doméstico una vez al día.

C ando los padres tienen distinto tipo de manto,
el pelo corto es siempre dominante sobre el
largo y el jaspeado sobre el liso. El color rojo
está causado por un gen situado en el par de
cromosomas que determina el sexo y, aunque un macho
puede heredar el color rojo, es teóricamente imposible
que herede la combinación de genes que produce un
carey formado por la combinación de rojo, negro y
crema. Sin embargo, en ocasiones aparece un macho
carey debido a un desequilibrio cromosómico en
individuos generalmente estériles.
En los ejemplares con pedigrí se puede predecir el
color y la complexión de los cachorros. Una vez que se
ha establecido un tipo, de su apareamiento
cuidadosamente seleccionado se puede obtener una
amplia gama de colores.

El gato persa chinchilla (derecha) es uno de los más hermosos. Su pelo blanco, largo y sedoso, está salpicado de negro, lo que le da un aspecto brillante. La nariz de color ladrillo y los ojos azul verdoso o esmeralda están realzados por una línea negra que los rodea.

El color de los ojos se hereda independientemente del color del manto, pero los ojos azules asociados al manto blanco están relacionados con la sordera. Los cachorros que nacen con la más pequeña mota de color, incluso si ésta desaparece cuando crecen, no son genéticamente blancos y no se ven afectados por esta anomalía. Los gatos con ojos dispares, como el que aparece sobre estas líneas, son en ocasiones sordos de un oído.

Cuando se empezó a presentar a los gatos a los concursos de belleza, los ejemplares que más llamaban la atención eran los gatos persas de pelo largo debido a su espléndido y llamativo manto. Más tarde se criaron ejemplares lisos, con sólo una mancha de color en la cara, cola y patas, como los siameses, y algunos los consideran como una raza diferente. Son los llamados «colourpoint» (izquierda y arriba).

De pelo largo o corto, liso y elegante o corto y duro, de la raza más pura o avispado callejero, cada animal tiene su propio e individual carácter. La personalidad puede variar tanto de un ejemplar a otro que no se puede generalizar de acuerdo con las razas. Pero, a pesar de sus diferencias, todos comparten los mismos instintos, habilidades y conductas que los distinguen como lo que son: gatos.

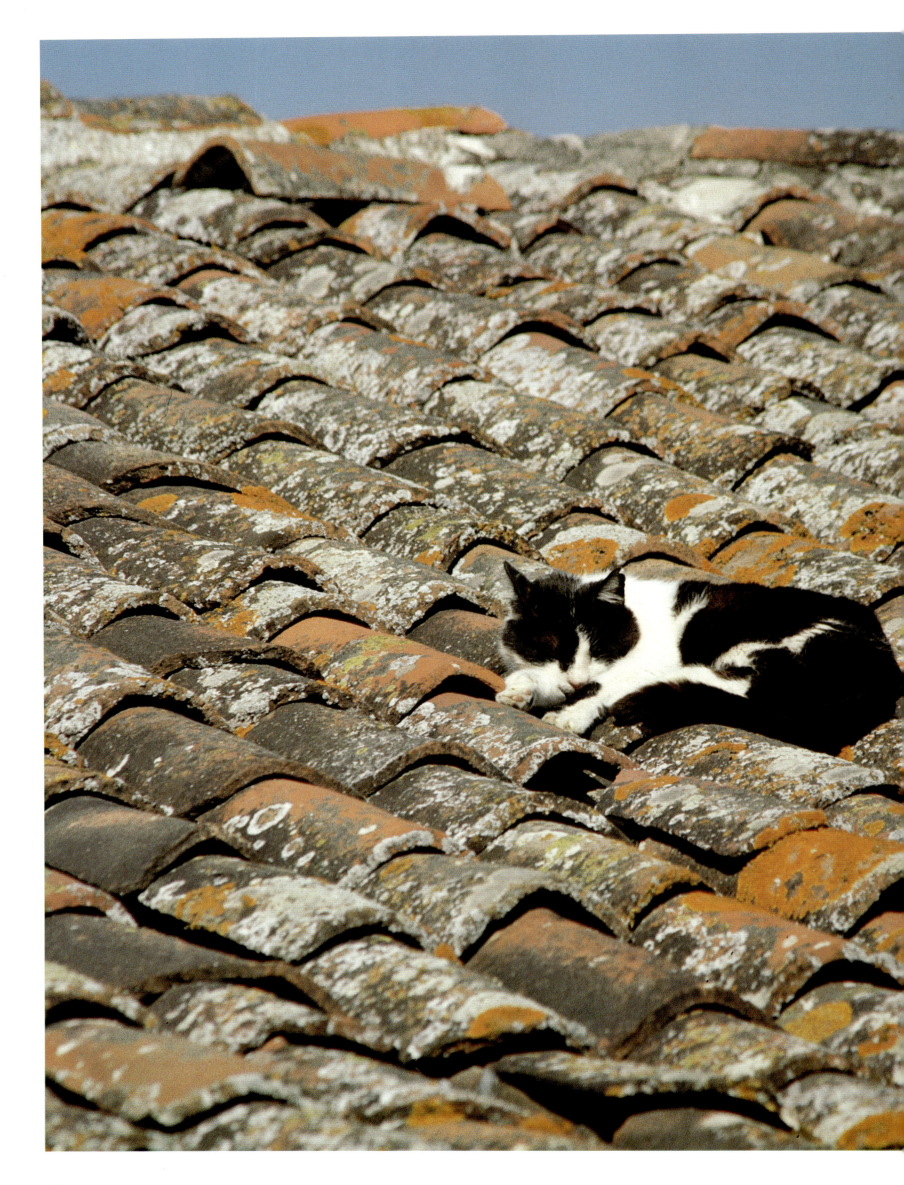

LA CONDUCTA DE LOS GATOS

El gato ha evolucionado hasta convertirse en un eficiente depredador. Pero, a pesar de sus incuestionables habilidades como cazador, puede pasar verdadera hambre si a su alrededor escasean las presas. Debe establecer un territorio de caza y dentro de él un núcleo que debe ser perfectamente defendido. La amplitud del territorio está determinada por la abundancia o escasez de presas y por la presión del número de felinos que compiten por él. Incluso los gatos domésticos, que no necesitan cazar para vivir, tienen un acusado sentido del territorio.

Los recién llegados deben hacerse un hueco, en ocasiones expulsando a un gato que estaba ya enseñoreado de parte de su patio. Los límites territoriales son muy complejos. Un gato puede no reclamar el tejado debajo del cual vive y en cambio un jardín puede estar repartido entre varios felinos sin que ninguno de ellos viva en la casa en la que está situado.

El gato marca varios puntos de su territorio, no necesariamente el perímetro, orinando y arañando, éste último acto deja unas señales odoríferas además de una marca visible. Otro modo de marcar el territorio consiste en frotarse contra los objetos, dejando señales procedentes de las glándulas odoríferas situadas en la sien, la barbilla y la base de la cola.

Las marcas no son tanto una señal de posesión como de llamada. Los gatos investigan las marcas con interés más que con temor. Aunque el territorio es defendido cuando algún otro trata de adueñarse de él, raramente se impide a otros gatos cruzarlo. Incluso, a menudo en áreas urbanas, varios gatos comparten un mismo territorio.

Los gatos domésticos no tienen más remedio que compartir un hogar y los de la misma camada que permanecen juntos hasta la madurez generalmente conviven en el mismo territorio central, pero pueden existir límites más amplios y lugares especiales que cada uno reclama para sí. A veces están dispuestos a compartir con otro gato su propio territorio siempre y cuándo éste le reconozca la prioridad de sus derechos. En ocasiones, aunque no siempre, se crea una jerarquía en la comunidad. Por lo general no es al más fuerte del grupo al que se trata con deferencia, sino al más viejo, a la madre o a la abuela de los demás.

La vida en grupo ofrece algunas ventajas, como el acicalado mutuo, el calor de la compañía en las noches frías y la ayuda de las «tías» en el cuidado de los gatitos.

Los gatos emiten una gran variedad de sonidos, desde el suave arrullo con el que la madre se comunica con sus cachorros hasta el grito estridente con el que la hembra en celo llama a los machos; desde los ronroneos seductores del macho hasta los maullidos que nos despiertan a media noche. Los gatos, como las personas, tienen cada uno su propia voz, que generalmente se diferencia por la forma en la que pronuncian las vocales. Los dueños aprenden pronto a distinguir a identificar el tono en que se dirigen a ellos: si desean llamar la atención, o pedir comida, o que les cambien la bandeja donde hacen sus necesidades, o que les abran la puerta. Incluso reconocen el lacónico maullido que significa «gracias». ¿Quién no conoce el ronroneo de un gato satisfecho? Lo que nadie sabe a ciencia cierta es cómo se produce este sonido exactamente.

El lenguaje corporal de los gatos suele resultar más fácil de interpretar que sus maullidos. La posición de las orejas, la cola, el cuerpo y la piel, la expresión de la cara y el comportamiento general son muy indicativos de su estado de ánimo e intención. El signo más claro es el de la cola levantada con la punta doblada hacia adelante en señal de saludo. La cola tiesa, erizada, debe interpretarse como una leve amenaza, en tanto que el lomo arqueado es una amenaza defensiva. Si da rabotazos de un lado a otro significa que está muy enfadado y a punto de pasar a la acción.

Cuando dos gatos amigos se encuentran, se frotan el uno contra el otro, rozándose con la nariz; se pasan la cara por el cuerpo, acariciándose con la cola y dejando cada uno impregnado su olor en el otro.

Cuando se lamen, los gatos hallan la manera de llegar hasta los lugares más difíciles. Sin embargo, les resulta más fácil lavarse los unos a los otros. Rara vez se rechaza una lengua amiga. El aseo mutuo es muy frecuente entre gatos de la misma camada o gatos amigos. Con frecuencia, los que están sometidos a uno dominante, lo acicalan en señal de sumisión. Cuando el amo le cepilla, el gato ronronea de satisfacción al ver que le están ahorrando un gran trabajo. Debe familiarizarse al cepillo y el peine desde cachorro. Es evidente que le encanta la sensación física; pero tanto o más importante que ésta es el comprobar toda la atención que le están dedicando.

Los gatos eluden la confrontación y sólo pelean como último recurso. Realizan una serie de maniobras preliminares para tratar de resolver la situación sin tener que llegar a las manos. Después de un intercambio de amenazas y gestos significativos, generalmente uno de ellos reconoce la superioridad del otro y muestra su sumisión tratando de parecer los más pequeño posible, muchas veces arrastrándose con las orejas gachas.

El característico gesto del lomo arqueado y la piel erizada es el resultado de una combinación de reacciones tanto de miedo, que le hacen retroceder, como de balandronada, que lo animan a avanzar. Casi todas las peleas son una mezcla de amenaza y respuesta defensiva.

Los gatos son cazadores nocturnos, más diestros con las medias luces del atardecer y las primeras luces del día. El gato doméstico aún conserva el atavismo de la caza para perseguir y agarrar a sus presas; sin embargo, a menos que su madre le haya enseñado, raramente asociará caza con alimento.

Los gatos disponen de dos técnicas de caza principales: el acecho y la emboscada. Son capaces de esperar pacientemente junto a la puerta de una ratonera o en el camino por el que saben que puede pasar su presa, siempre a punto de dar un salto certero en el momento preciso. Los más experimentados no se lanzan sobre el ratón en el momento en que éste sale de su guarida, ya que puede huir dando marcha atrás y volviendo a su agujero; antes bien, esperan a que se haya alejado lo suficiente para que no tenga dónde esconderse.

Como las posibles presas de los felinos tienen una visión casi monocromática, los gatos suelen camuflarse bien entre el pasto y la maleza, a lo que contribuyen ellos mismos manteniéndose bien pegados al suelo. Moviéndose con rapidez por entre la tupida maleza o cruzando a campo abierto, se acercan furtivamente a la presa, aproximándose lo más posible antes de lanzarse al ataque y parándose en seco en mitad de un movimiento si existe la más mínima posiblilidad de haber sido descubiertos. Cuando los gatos miran a un pájaro fuera de su alcance, a menudo hacen un ruido rechinante, entrecortado. No se sabe a qué obedece: ¿se debe a la excitación, es una señal de irritación, un desafío o una amenaza?

El sueño ocupa los dos tercios de la vida de un gato. Los gatos salvajes están despiertos por la noche, pero los domésticos, en especial si tienen la costumbre de dormir en la cama de su amo, suelen adaptarse a la forma de vida humana, aunque no lleguen a dormir de un tirón toda la noche y sigan durmiendo de día, en especial cuando la familia está fuera. Lo normal es que duerman durante poco tiempo muchas veces al día, generalmente con un sueño ligero en el que responden a estímulos externos y están atentos al peligro. Durante periodos de seis o siete minutos pueden caer en un sueño profundo en el que están completamente relajados. Es entonces cuando sueñan, aunque el movimiento rápido de las patas y los bigotes no quiere decir que sueñen que están persiguiendo a una presa, sino que se debe a una descarga de energía eléctrica muscular.

CÓMO PASAN EL DÍA

Los gatos adultos no malgastan su energía. En estado salvaje, los grandes esfuerzos se reservan para cazar o para cualquier otra actividad necesaria. En el centro de su territorio tienen un lugar principal para dormir —que en los gatos domésticos a menudo coincide con la cama de su amo—, aunque dormitan en los lugares más inverosímiles, generalmente en una sucesión de sitios de acuerdo con las diferentes condiciones o momentos del día.

Les gusta tener un horario fijo para comer, jugar, acicalarse o salir en busca de aventuras o caza, todo ajustado a una rutina regular. Tienen un buen sentido del tiempo y suelen quejarse si su amo no hace en cada momento lo que ellos esperan.

La primera actividad de la mañana suele ser un completo estirado seguido de una limpieza a fondo —excepto que haya sido un sueño muy largo y sea más imperiosa una primera visita a la cubeta de sus necesidades—. Su labor más importante y minuciosa es la del acicalado. Los gatos se están lamiendo constantemente. En parte para estar limpios y en parte como forma de ocultar su desconcierto en determinadas situaciones, lo cual les da tiempo para pensar, distraer la atención de sus verdaderas intenciones o simular que no están interesados. La lengua de los gatos está cubierta de una papilas con las puntas orientadas hacia atrás que forman un raspador, ideal para raer la carne de los huesos, además de constituir un estupendo cepillo. Los lugares adonde la lengua no llega, se los limpian con la pata, que previamente han humedecido con la lengua. El acicalado es también una manera de mantenerse frescos cuando hace calor, ya que la evaporación de la saliva de la piel les ayuda a disminuir su temperatura.

Les encanta clavar las uñas en un trozo de madera o en un mueble y después estirarse. No es lo mismo que un arañazo deliberado a un objeto para marcar un territorio. También arañan para afilarse las uñas, aunque lo que en realidad ocurre es que retiran la capa exterior roma dejando al descubierto la nueva punta aguda. Generalmente tienen un lugar preferido para realizar esta actividad y si se trata de un mueble es aconsejable enseñarles a utilizar un trozo de madera o de tela áspera apoyado sobre la pared. Antes de colocarlo, observe si el gato prefiere hacerlo sobre un objeto horizontal o vertical.

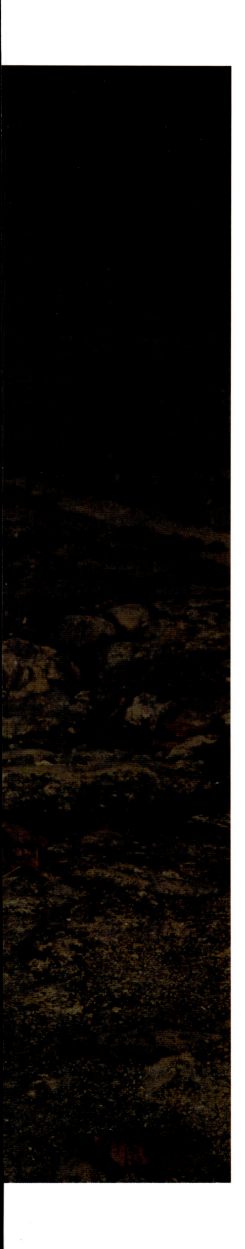

Los gatos siempre se muestran amigables con los conocidos e incluso con los desconocidos que tienen una actitud amigable. Rodar por el suelo con la barriga hacia arriba es una señal de amistad además de una invitación a jugar o a ser acariciado. A algunos gatos les encanta que les acaricien la barriga, pero hay que actuar con precaución, ya que el estar patas arriba, lo que normalmente es señal de sometimiento al ofrecer la zona más vulnerable al descubierto, también pone en juego un par de armas poderosas: las patas traseras y las garras. Un gato al que no le gusta que lo acaricien puede defenderse arañando.

El juego es imprescindible para todos los cachorros como parte importante de su aprendizaje. Como una de las consecuencias de la domesticación es que se mantienen algunas características infantiles, los adultos domésticos tienen una mayor tendencia al juego que las especies salvajes. El deseo de jugar será más fuerte si se les ha acostumbrado a jugar regularmente. Los juegos pueden ser muy variados: desde perseguir un hilo hasta lanzar una pelota, buscarla y traerla, o jugar al escondite. Prefieren hacerlo acompañados, con un animal o una persona, aunque algunos se entretienen solos.

De regreso a casa, tras dar unos buenos arañazos en su lugar preferido para activar la circulación y desprenderse de cualquier suciedad que se les haya quedado prendida entre el pelo, proceden a un nuevo acicalamiento. A continuación, suelen dar unas cuantas vueltas sobre el mismo sitio, movimiento instintivo para establecer un nido en la vida salvaje, y se echan una pequeña siesta —frente a un buen fuego si es posible— Los gatos disfrutan mucho tumbados al sol, cerca de un radiador o de cualquier otra fuente de calor. A menudo se acercan tanto que se chamuscan los pelos; incluso pueden tener la cola ardiendo antes de darse cuenta de que se están quemando.

Cuando se sienten confiados y cómodos, se estiran completamente, tanto para disfrutar del calor como porque no tienen necesidad de conservarlo. Cuando hace frío, se enroscan hechos un ovillo de piel y pelos, enrollando incluso la cola hasta taparse el hocico.

VIDA EN FAMILIA

L as gatas suelen ser unas madres
excelentes, sin problemas a la hora de
tener hijos, aunque pueden darse caso de
crías que vienen de nalgas, crías muertas o
cesáreas. El problema no es el tener gatitos, sino
encontrarles un hogar una vez que están en casa.
Aunque son uno de los animales de compañía
más apreciados, existe un gran número de
nacimientos no deseados y las sociedades
protectoras de animales tienen que sacrificar
miles y miles de gatos y cachorros cada año.
Para los dueños que saben que hay hogares que
están esperando los gatitos, no hay nada más
agradable que ver cómo se van criando.

La gestación en los gatos domésticos dura aproximadamente nueve semanas. Al principio, se dan pocos indicios del nuevo estado, apenas un color más rosado de las tetillas y un mayor apetito de la gata. Solamente en la quinta o sexta semana se presenta un abultamiento evidente. En la séptima semana, la madre comenzará a buscar un nido y conviene proporcionarle un cajón apropiado. Cuando llega el momento del nacimiento, no hay más que dejarla llevarse por su instinto. La madre lame a los gatitos para librarlos de la membrana en la que nacen envueltos y corta el cordón umbilical. Las gatas que están muy unidas a sus amos llegan a veces a demorar el nacimiento de las crías hasta que los tienen a su lado, pero rara vez necesitan su ayuda. Guiados por el olfato, los recién nacidos comienzan enseguida a mamar.

os cachorros abren los ojos entre los cinco y los diez días y tardan una semana más en ver. Pasan más de dos meses antes de que tengan la visión de los adultos. Aunque al principio los ojos son azules, se irán volviendo de su color definitivo durante los primeros tres meses. En el momento del nacimiento, las orejas están caídas y se ponen erectas un par de semanas más tarde, dirigiéndose ya hacia el lugar de donde proceden los sonidos, aunque su capacidad auditiva todavía está lejos de la sensibilidad adulta. El sentido del olfato está casi completamente desarrollado a las tres semanas. Durante este tiempo los cachorros tampoco pueden regular su temperatura, capacidad que no adquieren totalmente hasta la cuarta semana. Cuando la madre tiene que dejarlos, los gatitos se apretujan para guardar el calor.

La cría de los gatitos es una actividad que ocupa todo el tiempo de la madre. Debe despertar a los cachorros y animarlos a que mamen, enroscándose alrededor de ellos —más tarde querrán mamar a todas horas—. Pasa más de la mitad del día amamantándolos. Después los lame no sólo para lavarlos, sino también para estimular la digestión y el vaciado del intestino. Cuando los cachorros son muy pequeños, no puede abandonarlos mucho tiempo solos, ya que pueden morir de frío; pero pronto tendrá que dejarlos para ir en busca de alimento. Cuando los gatitos empiezan a arrastrarse, la gata los llama para que vuelvan si se han alejado demasiado o incluso los trae a la fuerza agarrándoles con los dientes la piel del cuello. Si se la molesta demasiado, puede llegar a trasladar a toda la camada a otro lugar.

A los dieciséis días los gatitos comienzan a gatear y cuando tengan el doble de esta edad poseerán ya la agilidad suficiente como para jugar con sus hermanos y asearse. El juego de los cachorros consiste en un conjunto de acciones y respuestas que les servirán de entrenamiento para su vida social de adultos. Incluso llegan a pelearse, erizándose hasta parecer el doble de su tamaño. Sus juegos están llenos de idas y venidas: uno caza a otro, saltando sobre él; súbitamente se detiene y escapa, siendo a su vez cazado por su compañero de juegos.

Los gatitos deben ir aprendiendo a desarrollar todas las habilidades que van a necesitar cuando hayan alcanzado su pleno desarrollo. Tienen que aprender a calcular la distancia para dar un salto, o la energía que se necesita para realizar una acción determinada, saber balancearse o realizar cualquier otra acrobacia, como trepar y volver a bajar de nuevo. A medida que sus sentidos se van desarrollando completamente, deben aprender a usarlos con eficacia, desarrollar su coordinación y emplearlos para obtener los mejores resultados. Todo es nuevo para ellos y cometen muchos errores, pero su madre se mantiene vigilante en todo momento. Hay pocos accidentes serios, ya que todos los miembros de la camada se ayudan y comparten sus experiencias.

A medida que crecen, las cacerías y carreras dejan paso a otra clase de juegos. Las persecuciones se hacen más complicadas: además de prepararse emboscadas, avanzan pegados al suelo o protegidos detrás de una empalizada. Empiezan a saltar sobre las cosas con un propósito determinado. Desarrollan el control de sus patas arrastrando un objeto por el suelo llevándolo de una pata a otra. Tomarán objetos con la boca y sabrán utilizar sus dientes afilados como agujas para morder. Están poniendo en funcionamiento todas las técnicas y habilidades que les serán útiles cuando tengan que cazar y matar a su presa. Aprenden asimismo a utilizar sus oídos para identificar la posición exacta de un sonido apagado, a localizar un objeto con la vista y a avanzar cautelosamente antes del salto final.

Para un gatito joven, todo es una novedad que debe ser examinada. «Hum, me gusta este olor, ¿qué será? ¿Qué es lo que veo?, ¿qué pasaría si... no, quizá sería mejor no tocarlo. ¡Anda, si se mueve! Salta por encima de mi cabeza. Es un pájaro. ¿Y esto que viene volando? !Te agarré! Bien, las moscas están ricas. Sniff, acaba de estar por aquí un perro, y no hace mucho. Cuidado, puede volver a aparecer en cualquier momento. Mejor será volver a casa. No hay nadie en la cocina, tampoco en el comedor. ¿Qué es esto? Parece un lugar muy útil para esconderse. Huelo a lavanda, y a las piernas que dan de comer a mamá y a las manos que me levantan... ¿Qué? Pero si es mamá que me está llamando. Mejor será ir antes de que las cosas se compliquen... ¡Alehop! Ya no me acordaba de que había que dar un salto tan grande...»

E nfrentarse con el mundo no es siempre fácil. Después de descubrir lo sencillo que es encaramarse a un árbol, el gatito debe enfrentarse con la decepcionante realidad de que el bajarse no lo es tanto y que requiere una técnica diferente. Necesita aprender muchas cosas por sí mismo, ahora... y durante toda su vida.

Tratar con otros animales es uno de los aspectos de la vida para los que se requiere experiencia. Afortunadamente, los adultos son muy tolerantes con las crías, incluso con las de otras especies y, aunque los gatitos empleen con ellos todas las posturas agresivas que conocen, los adultos no suelen sentirse provocados. Si el gatito no tiene esa suerte, le va a ser muy útil el haber aprendido a trepar a los árboles.

A las ocho semanas, los cachorros tienen ya todos sus dientes y deben estar ya habituados a la comida sólida, aunque esto no significa que no traten de mamar en cuanto tengan la más mínima ocasión. Las gatas seguramente considerarán que los dientes afilados de sus cachorros empiezan a hacerles daño y empezarán a irritarse con las constantes demandas de los pequeños. Los gatitos son ya bastante independientes, aunque aún tienen mucho que aprender de su madre y de la relación con sus hermanos. No se les debe separar de la camada hasta que tengan doce semanas. En estado salvaje, permanecen juntos mucho más tiempo antes de que los pequeños establezcan su propio territorio.

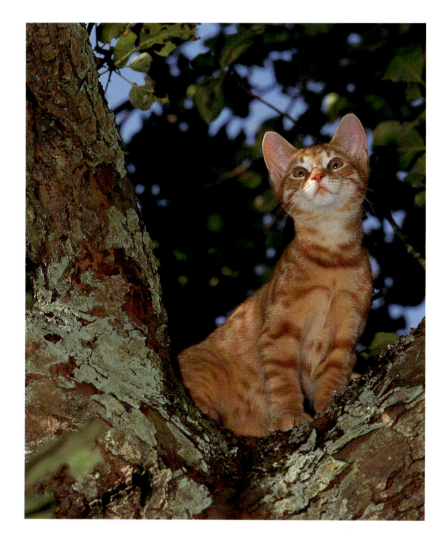

No hay nadie que no se sienta conmovido ante la presencia de un cachorro, pero la decisión de llevarlo a casa no debe ser tomada a la ligera. Supone tener la responsabilidad de otro ser durante mucho tiempo, quizá quince o veinte años —aunque el gato más longevo que se conoce vivió treinta y seis años—. El tener un gato también puede suponer un gasto adicional de dinero, tiempo y esfuerzo: comida, cuidados, visitas al veterinario, adaptar nuestra vida a la nueva responsabilidad, ya que debe ser alimentado regularmente, incluso cuando salimos de viaje. Pero el placer que nos proporciona su compañía puede compensar todos estos inconvenientes. Como escribió Mark Twain: «Una casa sin un gato bien alimentado, bien cuidado y muy mimado, puede ser un hogar perfecto, quizás, pero ¿cómo lo puede demostrar?»

SUS CORRERÍAS

Abandonar a la madre y a los hermanos para ir a vivir a una nueva casa es siempre una experiencia traumática para los cachorros. Afortunadamente, el placer de explorar un mundo nuevo y desconocido les mantiene distraídos gran parte del día. El encuentro del felino con los miembros de la nueva familia puede hacerles sentirse intimidados —a pesar de que un cachorro será siempre mejor aceptado que un adulto.

Los humanos son muy caprichosos y toda la ternura que les ha producido un cachorro puede desvanecerse en cuanto éste se convierte en adulto, quedando destronado. En este caso, el gato debe cambiar completamente sus costumbres, buscándose la vida como cualquier animal cimarrón.

Los animales que viven en casas de campo o granjas generalmente son un término medio entre los gatos domésticos y los asilvestrados. Aunque a veces se permite unirse al grupo a gatos de fuera, generalmente existe una comunidad que se ha ido formando a lo largo de generaciones de una misma familia. Seguramente todos cazan alimañas dentro de su propio territorio, en los alrededores de los edificios de la hacienda, pero cada uno cada uno tiene un espacio individual dentro del perímetro total. Cuando la población crece demasiado, se fuerza a los más débiles a irse y buscar otro territorio, debiendo renunciar a sus derechos sobre sus antiguos dominios.

La comida y los cuidados del dueño de la finca harán que los gatos no abandonen el lugar. No es cierto que si se les deja sin comer cacen mejor, ya que la caza es algo inherente a la conducta de los gatos y si éstos están fuertes y sanos, serán mejores cazadores.

Los gatos asilvestrados son magníficos carroñeros. Aprenden a hacer buen uso tanto de la leche derramada de la terraza de una cafetería como de sus incursiones a los cubos de basura. Pero *todos* los gatos son unos oportunistas. Incluso los más mimados y cuidados piensan que la comida de los demás está más buena que la suya y que la comida robada sabe mejor. Dejar comida en cualquier sitio significa buscarse problemas, aun cuando nuestra mascota nos mire con cara angelical.

El naturalista Gilbert White ya advirtió del contrasentido que supone el que a los gatos, que odian el agua, les encante el pescado. Pueden quedarse mirando durante horas cómo nadan los peces de un estanque o arroyo; alguno más osado meterá incluso la patita para intentar agarrarlos. Se ha dado algún caso —aunque sólo uno o dos— de gatos que de vez en cuando se lanzaban al agua y cazaban peces.

Si un gato cae accidentalmente al agua, se pondrá a nadar instintivamente como los perros, pero no tienen resistencia para permanecer mucho rato en ella.

Puede considerarse afortunado el gato que toma pescado fresco todas las mañanas, como el de la fotografía. ¡Pero le resulta tan difícil esperar a que le den su ración!

95